BEI GRIN MACHT SICH IHR WISSEN BEZAHLT

- Wir veröffentlichen Ihre Hausarbeit,
  Bachelor- und Masterarbeit

- Ihr eigenes eBook und Buch -
  weltweit in allen wichtigen Shops

- Verdienen Sie an jedem Verkauf

Jetzt bei www.GRIN.com hochladen
und kostenlos publizieren

Bibliografische Information der Deutschen Nationalbibliothek:

Die Deutsche Bibliothek verzeichnet diese Publikation in der Deutschen National-
bibliografie; detaillierte bibliografische Daten sind im Internet über http://dnb.d-
nb.de/ abrufbar.

Dieses Werk sowie alle darin enthaltenen einzelnen Beiträge und Abbildungen
sind urheberrechtlich geschützt. Jede Verwertung, die nicht ausdrücklich vom
Urheberrechtsschutz zugelassen ist, bedarf der vorherigen Zustimmung des Verla-
ges. Das gilt insbesondere für Vervielfältigungen, Bearbeitungen, Übersetzungen,
Mikroverfilmungen, Auswertungen durch Datenbanken und für die Einspeicherung
und Verarbeitung in elektronische Systeme. Alle Rechte, auch die des auszugsweisen
Nachdrucks, der fotomechanischen Wiedergabe (einschließlich Mikrokopie) sowie
der Auswertung durch Datenbanken oder ähnliche Einrichtungen, vorbehalten.

Impressum:

Copyright © 2009 GRIN Verlag, Open Publishing GmbH
Druck und Bindung: Books on Demand GmbH, Norderstedt Germany
ISBN: 9783640576418

Dieses Buch bei GRIN:

http://www.grin.com/de/e-book/147881/gute-schlechte-schuelbuecher-und-ihr-
einsatz-im-geographieunterricht

Ina Vredenborg, Nina Kusserow

Gute/schlechte Schülbücher und ihr Einsatz im Geographieunterricht

GRIN Verlag

GRIN - Your knowledge has value

Der GRIN Verlag publiziert seit 1998 wissenschaftliche Arbeiten von Studenten, Hochschullehrern und anderen Akademikern als eBook und gedrucktes Buch. Die Verlagswebsite www.grin.com ist die ideale Plattform zur Veröffentlichung von Hausarbeiten, Abschlussarbeiten, wissenschaftlichen Aufsätzen, Dissertationen und Fachbüchern.

Besuchen Sie uns im Internet:

http://www.grin.com/

http://www.facebook.com/grincom

http://www.twitter.com/grin_com

Universität Hildesheim   SoSe 2009
Institut für Geographie

Seminar: Medieneinsatz im Geographieunterricht

Thema:

„Gute/schlechte Schulbücher und ihr Einsatz im Geographieunterricht"

Ausarbeitung zum Referat

Vorgelegt von: Nina Kusserow   Ina Vredenborg
Studiengang: Geographie- up, Germanistik   Geographie-up, Germanstik
Semester: 4   4

Abgabedatum: 31.09.2009

Inhaltsverzeichnis

1. Einleitung

Die vorliegende Hausarbeit nimmt Bezug auf das am 12.06.2009 gehaltene Referat zum Thema „Gute und schlechte Schulbücher und ihr Einsatz im Unterricht".

Die Arbeit gliedert sich in zwei Abschnitte: den Theorie- und den Praxisteil. Im ersten Teil werden die Inhalte des Referats wiedergegeben. Neben zwei möglichen Definitionen für den Begriff „Schulbuch" werden unterschiedliche Schulbuchtypen vorgestellt und die Funktion von Schulbüchern erläutert. Außerdem werden formale und inhaltliche Anforderungen, die ein Schulbuch erfüllen soll, vorgestellt. Der Theorieteil dieser Arbeit endet mit der Darstellung der Aufgaben des Geographielehrers/in, die er/sie bei der Arbeit mit dem Schulbuch zu beachten hat.

Der Praxisteil spiegelt den Ablauf des gehaltenen Referats wieder. Er beinhaltet eine Reflexion des Referats, sowie die kritische Auseinandersetzung mit den guten und verbesserungswürdigen Anteilen. Anbei sollen möglichst viele Handlungsalternativen aufgezeigt werden.

2. Theorieteil

2.1 Zur Definition von Schulbüchern

Nach Rinschede (s. Anhang M 1) ist „das Schulbuch eine an den Vorgaben des Lehrplans orientierte, eigens für den Unterricht erstellte Druckschrift in Form eines Verbundes von Texten, Bildern, Zeichnungen, Diagrammen, Tabellen, Profilen, Blockbildern und Karten." (RINSCHEDE 2003:350ff.). Auf der Homepage der Universität Erlangen (s. Anhang M2) wird das Medium „Schulbuch" wie folgt definiert: „Ein Schulbuch ist ein Lehrbuch, das der Schüler einer Klasse für den Unterricht nutzt. Es muss mit den Lehrplänen des betreffenden Faches übereinstimmen, sie sich nach Bundesland, Altersstufe und Schulart unterscheiden. Es enthält Lehrstoff und –materialen in fachlich korrekter, aber altersgemäßer und didaktisch aufbereiteter Form." Während Rinschede verstärkt auf die Bestandteile von einem Schulbuch eingeht, betont die andere genannte Definition die Notwendigkeit der didaktischen Reduktion bei Schulbüchern.

Die Nutzung von Medien hat im Geographieunterricht einen hohen Stellenwert. Im Geographieunterricht kommt es zunehmend zu einer Anwendung „neuer" Medien, wie dem Computer oder dem Beamer. Jedoch hat das Schulbuch seine wichtige Stellung im schulischen Alltag nicht verloren. Es ist in der Lage, unterschiedliche Medien (z.b. Statistiken, Karten, Karikaturen) zu verknüpfen. Die Planung und Durchführung des Unterrichts werden, laut Haubrich, maßgeblich durch das Schulbuch bestimmt (HAUBRICH 2006:184).

2.2 Schulbuchtypen

Haubrich und Rinschede unterscheiden bei Schulbüchern zwischen Lern- und Arbeitsbuch, sowie einer Mischung aus beiden Konzepten, dem kombinierten Arbeits- und Lernbuch. Das Lernbuch stellt eher ein Begleitmedium des Unterrichts dar und muss mit Hilfe des Lehrers angewendet werden. Es bietet den Schülern vorrangig Lern- und Ergebnistexte zur Wiederholung und Übung an. Für den täglichen Unterrichtsgebrauch ist es weniger geeignet. Das Arbeitsbuch verlangt eine selbstständige Erarbeitung von Informationen der Schüler. Ergebnisse werden nicht genannt, sie müssen von den Schülern selbst erarbeitet werden. Die Schwäche des Arbeitsbuches ist die unzureichende Ergebnissicherung, welche wiederum die Stärke des Lernbuches ausmacht. Das kombinierte Arbeits- und Lernbuch versucht, eine gute Mischung aus den Beiden genannten Schulbuchtypen zu vereinbaren. Den Schülern werden viele Arbeitsmaterialien zur eigenständigen Bearbeitung, aber auch zusammenfassende Ergebnisse dargeboten. Haubrich fordert im Sinne der Eigenverantwortlichkeit und Selbsttätigkeit der Schüler in Bezug auf den sinnvollsten Schulbuchtypus eine Tendenz in Richtung Arbeitsbuch (HAUBRICH 2006:184, RINSCHEDE 2003:351).

2.3 Funktionen des Schulbuchs im Geographieunterricht

Hacker hat folgende Funktionen des Schulbuchs aufgestellt:

Die Aufgabe der *Strukturierungsfunktion* eines Schulbuches besteht darin, die vom Lehrplan vorgesehenen Inhalte zu gliedern und dem Lehrer so die Planungsarbeit seines Unterrichts zu erleichtern. Ein Schulbuch sollte daher übersichtlich und klar gegliedert sein. Diese Übersichtlichkeit beinhaltet das Vorhandensein von Titelseiten, Kapitelüberschriften, Zwischenüberschriften bis hin zu einer klaren Zuordnung von Texten und anderen Materialien. Die *Repräsentationsfunktion* hat die Aufgabe, durch ein umfassendes Materialangebot die Inhalte zu repräsentieren und sie anhand von Karten, Bildern und geographischer

Quellen für den Unterricht verfügbar zu machen. Die *Steuerungsfunktion* für den Unterricht besitzt das Schulbuch durch seine Arbeitsanweisungen, Fragen und Impulse. Sie steuert die Auswertung der angebotenen Materialien, diese können jedoch die Freiheit des Lehrers einschränken. Sie werden vom Lehrer deswegen oft nur als Anregungen für den Unterricht betrachtet. Die *Motivierungsfunktion* eines Schulbuchs dient dazu, den Schülern durch eine attraktive inhaltliche und äußere Gestaltung die Lust am schulischen Lernen zu erhöhen. Dies kann durch motivierende Einstiegsseiten, Hinweise zum Einbezug der eigenen Umwelt, dem Auseinandersetzen von Ideen und Vorurteilen geschehen. Das Schulbuch kann ebenso für den Lehrer eine Motivierungsfunktion haben. Es liefert ihm Ideen, die er dann in Form anderer Medien in den Unterricht einbringt. Die *Übungs- und Kontrollfunktion* besteht darin, den Schülern Lern- und Merkhilfen anzubieten. Hier zu zählen z.B. Lerntexte, an Hand derer die Schüler sich das Erarbeitete einprägen und vertiefen können. (HACKER 1980:15ff.).

2.4 Anforderungen an das Schulbuch im Geographieunterricht

An Geographiebücher werden viele Anforderungen gestellt. Im Folgenden sollen die Wichtigsten genannt und erläutert werden.

Entscheidend ist der Informationswert. Die Texte, Fotos, Diagramme oder anderen Grafiken sollen von hoher inhaltlicher Qualität sein, damit die Schüler viele Informationen aus ihnen entnehmen können.

Das Schulbuch muss leicht verständlich sein. Texte, sowie Aufgabenstellungen müssen fachlich korrekt, aber der Altersklasse entsprechend in vereinfachter Form vorliegen.

Wichtig sind, sie übersichtliche Seitengestaltung, Textanordnung und die Gliederung der Seiten und Texte. Sie hilft den Schülern zur Orientierung. Außerdem wird der Blick der Schüler auf das Wesentliche gerichtet.

Motivierende Möglichkeiten in Form von Aufgabenstellungen, bei denen der Schüler selbstständig Erkenntnisse gewinnen kann, sind ein wichtiger Bestandteil jedes guten Schulbuchs.

Damit wesentliche Begrifflichkeiten und Definitionen nicht untergehen oder übersehen werden, sollte eine gute Veranschaulichung der Inhalte gegeben sein.

Die Kennzeichnung wichtiger Problemstellungen ist in einem Schulbuch von großer Bedeutung, wie zum Beispiel die Aufforderungen zum Herausarbeiten bestimmter Merkmale aus einem Text.

Eine homogene Mischung innerhalb der Lernzielbereichen (kognitiv, affektiv oder instrumental) sollte in jedem Schulbuch gegeben sein. Es ist sinnvoll, sich in den einzelnen Schulbucheinheiten auf wenige Lernziele (z.b. den korrekten Umgang mit Diagrammen) zu beschränken und dadurch den Lernerfolg zu erhöhen und zu sichern. Die verschiedenen Textsorten in Schulbüchern müssen klar und deutlich voneinander getrennt sein. Zur Vertiefung des Erarbeiteten und Gelernten sind Glossare, Register und Merktexte sinnvoll, die die Schüler beim Wiederholen und Üben der Inhalte unterstützen. Für den Einsatz eines Schulbuches im Unterricht sind präzise und klare Aufgabenstellungen unumgänglich. Sie sollen nicht auf reines Abfragen von Fakten oder Prozessen abzielen, sondern die Schüler zu Transferüberlegungen der Inhalte über den Unterricht hinaus anregen (BIRKENHAUER 1997:222ff.).

2.4.1 Bewertung einer guten und einer verbesserungswürdigen Schulbuchseite

Die dem Schulbuch „Jo-Jo Sachunterricht 3"entnommene Schulseite ist ein positives Beispiel für das Gestalten einer Schulbuchseite (s. Anhang M 4).

Diese Schulbuchseite ist sehr übersichtlich gestaltet. Die Abbildungen und der Text sind klar gegliedert und optisch voneinander getrennt. Wichtige Begriffe sind im Text farbig markiert. Es gibt verschiedene Arten von Abbildungen auf der Seite und einen Kasten mit einem Merktext, der in einer anderen auffälligen Farbe gedruckt ist. Eine präzise und klare Aufgabenstellung am Ende der Seite ist vorhanden.

Eine Schulbuchseite die nicht den Anforderungen an ein gutes Schulbuch entspricht, ist im „Das neue Sach- und Machbuch 4" (s. Anhang M 5) zu finden.

Bei dieser Schulbuchseite handelt es sich um eine Erzählung zu dem Thema Wölfe. Die Seite ist nicht sehr ansprechend gestaltet und enthält zu viel Text. Sie besteht aus einer Einleitung, in schwarzer kursiver Schrift und dem Hauptteil, deren Text in blau gedruckt ist. Für einen Schüler/in im Vierten Jahrgang müsste der Text zu bewältigen, doch ein leistungsschwächerer Schüler/in könnte durch den vielen Text schnell demotiviert werden. Die einzige Abbildung auf der Schulbuchseite stellt den Kopf eines Wolfs dar.

2.5 Aufgabe des Geographielehrers beim Einsatz des Geographiebuchs

Bei der Entscheidung der Lehrkraft für das Verwenden eines Schulbuchs, sind einige Aspekte zu beachten. Diese erleichtern den Umgang mit dem Schulbuch im (Geographie)-Unterricht.

Die Lehrkraft muss die Strukturierung des Schulbuchs auf Basis des Lehrplans prüfen. Hinzu kommt das Treffen einer Auswahl der Schulbuchinhalte, die sich am Lehrplan orientiert.

Er muss die Unterrichtsphasen in Bezug auf die Inhalte und auch die Sozialformen und Aktionsformen in Bezug auf die Inhalte sinnvoll planen, wozu auch eigenverantwortliches Arbeiten seitens der Schüler und die selbstständige Beschäftigung mit den Inhalten zählt. (HAUBRICH 2006:185).

2.6 Fazit zum Umgang mit dem Schulbuch

Bei vielen Lehrern existiert die Vorstellung, dass ein Schulbuch von der ersten bis zur letzten Seite abgearbeitet werden muss. Dem ist deutlich zu widersprechen!

Das Schulbuch stellt ein wichtiges Medium im schulischen Alltag dar. Entscheidend ist jedoch, dass es sinnvoll und bestimmt eingesetzt wird.

Der Bezug zu den vom Lehrplan vorgegebenen Standards muss natürlich eingehalten werden. Trotzdem sollte eine sinnvolle individuelle Auswahl an Themen und Inhalten erfolgen.

Neben dem Schulbuch haben sich mittlerweile auch andere Medien im Geographieunterricht durchgesetzt, die, verknüpft mit dem Schulbuch, zu gutem Unterricht führen können. Durch den Gebrauch des Schulbuches wird eine einheitliche Wissensbasis geschaffen, die mit der Ergänzung anderen Medien verdeutlicht werden sollte.

Ein weiterer Vorteil von Schulbüchern ist, dass die Schüler den Unterrichtstoff zu Hause noch einmal nachvollziehen zu können. Kein anderes Medium kann von den Schülern so gut als Wiederholungs- und Übungsmedium genutzt werden.

Trotz allem muss genau geprüft werden, ob der Einsatz eines Schulbuchs für den zu bearbeitenden Themenbereich sinnvoll ist (HAUBRICH 2006:185).

3. Reflexion

Das Referat zum Thema „gute/schlechte Schulbücher und ihr Einsatz im Unterricht" begann nach einer kurzen Einleitung. Das Plenum sollte Schulbüchermerkmale nennen, um zu einer Definition zu kommen. Schwerpunkt dieser Aufgabe war die motivierende Funktion und nicht das Finden einer vollständigen Definition.

Der Hauptteil des Referats begann mit der Vorstellung zweier ausgewählter Definitionen (s. Anhang M 1& 2). Diese wurden auf den Tageslichtprojektor gelegt und langsam und deutlich vorgelesen. Besser wäre es gewesen etwas mehr Zeit einzuplanen, um die Zitate noch weiter zu erläutern und die jeweiligen Schwerpunkte und Unterschiede (s. Theorieteil 2.2) herauszustellen. Als positiv zu sehen, dass zwei unterschiedliche Definitionen vorgestellt wurden um zu verdeutlichen, dass unterschiedliche Definitionen möglich sind.

Im weiteren Verlauf des Referats sollte es zu einem Praxisteil kommen. Dieser wurde um einen weiteren Theorieteil nach hinten geschoben. Grund war die Einschätzung, dass die Balance zwischen Theorie und Praxis sonst durcheinander geraten würde.

Zuzüglich zu den auf dem Handout aufgelisteten fünf Schulbuchtypen nach Haubrich wurde im Referat noch eine weitere mögliche Unterteilung genannt. Diese gliedert die Schulbuchtypen nach dem Lernbuch, dem Arbeitsbuch und dem kombinierten Arbeits- und Lernbuch. Inhaltlich finden sich diese Typen, auch in der Unterteilung, die auf dem Handout steht, wieder. Beim Referieren dieses Abschnitts wurden Beispiele der drei genannten Schulbuchtypen im Plenum herumgereicht. Dieses an Beispielen zu verdeutlichen war gelungen. Allerdings war die Zeit, sich die Beispiele genauer anzusehen, zu knapp bemessen.

Der erste Praxisteil des Referats bestand darin, Schulbücher nach ihrer inhaltlichen und äußeren Struktur zu untersuchen. Alle eingeteilten Gruppen bekamen die gleichen zwei Schulbücher („Pusteblume", „das Sachbuch"), eine vorgefertigte Folie (s. Anhang M 3) und einen Folienstift. Ziel war es, gute Ergebnisse zu erhalten. Aus diesem Grund war es durchaus sinnvoll, dass jede Gruppe die gleichen Bücher erhielt. Die Ergebnissicherung fand im Plenum statt. Die Ergebnisse der ersten Gruppe wurden vorgestellt und von den Anderen ergänzt. Die erste Gruppe nannte sehr viele inhaltliche Punkte, so dass wenige Ergänzungsmöglichkeiten für die anderen Gruppen blieben. Besser wäre gewesen, jede Gruppe einen Punkt auf der Folie vorzustellen zu lassen und damit jeder Gruppe die Möglichkeit zu geben, ihre Ergebnisse vorzustellen.

Nach Abschluss des ersten Praxisteils wurden die „Funktionen des Schulbuchs im Geographieunterricht" genannt und erläutert. Diese waren auf dem Handout aufgelistet und das Plenum sollte die Merkmale der jeweiligen Funktionen ergänzen.

Im Folgenden wurden die „Anforderungen an das Schulbuch im Geographieunterricht" referiert. Praxisnahe Beispiele halfen die Anforderungen interessant und verständlich zu erläutern.

Die neu gewonnen Erkenntnisse sollten im zweiten Praxisteil vom Plenum angewandt werden. Pro wurden zwei Schulbücher miteinander verglichen. (s. Anhang M 6). Es sollten gute und schlechte Merkmale herausgearbeitet werden. Als Hilfe dienten die zuvor vorgestellten Anforderungen an ein Schulbuch.

Im Gegensatz zu der ersten Praxisaufgabe erhielten die Gruppen unterschiedliche Schulbücher, um die Vielfalt der unterschiedlichen Gestaltungsmöglichkeiten von Schulbüchern besser aufzeigen zu können. Nach der Bearbeitungszeit stellten die Gruppen ihre Ergebnisse vor. Insgesamt war die Bearbeitungszeit zu kurz bemessen, um sich intensiv mit beiden Schulbüchern zu befassen und diese zu vergleichen. Trotzdem waren die vorgestellten Ergebnisse größtenteils sehr gut.

Bevor es zum letzten Theorieabschnitt des Referats kam, wurden mit Hilfe von zwei Beispielen eine gute und eine verbesserungswürdige Schulbuchseite vorgestellt (s. Anhang M 4 und M 5). Beim Vorstellen der Merkmale dieser Seiten kamen aus dem Plenum noch einige Verständnisfragen. Dies ist positiv zu bewerten, da es zeigt, dass sich das Plenum intensiv mit den Inhalten des Referats beschäftigte.

Der letzte Teil des Referats befasste sich mit den Aufgaben, die der Geographielehrer beim Einsatz des Schulbuches erfüllen sollte. Dieser Abschnitt ist besonders wichtig, unter dem Aspekt, dass die meisten Teilnehmer des Seminars den Beruf des Lehrers/innen anstreben.

Vor Beendigung des Referats folgte ein kurzes Fazit, in dem die wichtigsten Aspekte aus Referat zusammengefasst wurden.

Abschließend lässt sich sagen, dass es mit Hilfe von unterschiedlichen Visualisierungsmöglichkeiten, wie Folien und Schulbüchern, gelungen ist, die Inhalte dem Plenum zu vermitteln. Auch die Verteilung von Theorie- und Praxisanteilen kann als gut bezeichnet werden.

Verbesserungswürdig ist die Zeiteinteilung insgesamt. Es hätte mehr Zeit für die Praxisaufgaben eingeplant werden sollen. Außerdem hätte das Sprechtempo beim Referieren verringert werden sollen, um das Mitschreiben zu erleichtern.

Die Struktur des Referats war gut durchdacht und alle wesentlichen inhaltlichen Punkte wurden genannt. Zusätzlich erleichterte die gute Mitarbeit des Plenums die Durchführung des geplanten Vortrags.

4. Literaturverzeichnis

BIRKENHAUER, J. (Hrsg.) (1997): Medien- Systematik und Praxis. Oldenbourg. München.

HACKER, H. (Hrsg.) (1980): Das Schulbuch. Funktion und Verwendung im Unterricht. Bad Heilbrunn: Klinkhardt.

HAUBRICH, H. (Hrsg.) (2006): Geographien unterrichten lernen. Die neue Didaktik der Geographie konkret. Oldenbourg. München.

HAUBRICH, H., KIRCHBERG, G., BRUCKER, A., ENGELHARD, K., HAUSMANN, W., RICHTER, D. (1997): Didaktik der Geographie konkret. Oldenbourg. München.

RINSCHEDE, G. (2003): Geographiedidaktik. Schöningh. Paderborn.

Schulbücher:

AUST, S., BECKER, H. (Hrsg.) (1976): Sachunterricht in der Grundschule. Fragen und versuchen 4. Schroedel. Hannover.

BECK, G., SOLL, W. (Hrsg.) (1999): Das neue Sach- und Machbuch 4. Niedersachsen/Bremen. Cornelsen. Berlin.

BECKHAUSEN, F., VON BISMARCK, A., CHRIST, A., CORSSEN, B., GROEBLER, J., HENSEL, P., HEUER, U., KEUDEL, K., MENSCHING, U., NORDMANN, G., WALTHER, D. (Hrsg.). (2007): Jo-Jo Sachunterricht 3. Cornelsen. Berlin.

GÜMBEL, G., MESSER, A. (Hrsg.) (1997): Den Sachen auf der Spur. Heimat- und Sachunterricht Sachsen-Anhalt 3. Mildenberger. Offenburg.

KRAFT, D., POMMERENING, R. (Hrsg.) (2007): Pusteblume 2. Das Sachbuch. Schroedel. Braunschweig.

KREUS, A., VON DER RUHREN, N. (Hrsg.) (2007): Terra. Deutschland. Demographische und städtische Strukturen. Themenband S II. Klett. Stuttgart.

KÜMMERLE, U., VON DER RUHREN, N. (1990): Fundamente. Kursthemen. Dritte Welt. Entwicklungsräume in den Tropen. Klett. Stuttgart.

MAYER, W. (Hrsg.) (2007): Schlag nach im Sachunterricht. 3 / 4 Niedersachsen. Bayerischer Schulbuch Verlag. München.

MEIER, R. (Hrsg.) (2006): Mobile 2. Sachunterricht Nord. Westermann. Braunschweig.

WITTKOWSKE, S. (Hrsg.) (2002): Das Auer Heimat- und Sachbuch 2. Auer. Donauwörth

5. Anhang

M1) Definitionen „Schulbuch" nach Rinschede

„Das Schulbuch ist eine an den Vorgaben des Lehrplans orientierte, eigens für den Unterricht erstellte Druckschrift in Form eines Verbundes von Texten, Bildern, Zeichnungen, Diagrammen, Tabellen, und Karten."

(Rinschede 2003:350)

M2) Definition „Schulbuch" von der Universität Erlangen

„Ein Schulbuch ist ein Lehrbuch, das der Schüler einer Klasse für den Unterricht nutzt. Es muss mit den Lehrplänen des betreffenden Faches übereinstimmen, die sich nach Bundesland, Altersstufe und Schulart unterscheiden. Es enthält Lehrstoff und -materialien in fachlich korrekter, aber altersgemäßer und didaktisch aufbereiteter Form."

(www.buchwiss.uni-erlangen.de)

M3) Vorgefertigte Folie für die Gruppenarbeit

- Wie sind die Inhalte gegliedert?

- Welche Themen beinhaltet das Schulbuch?

- Sind die Aufgaben leicht und gut verständlich gestellt?

- Ist die Seitengestaltung und Textanordnung übersichtlich?

- Gibt es Glossare, Register und/oder Merktexte bzw. –kästen

- Sonstige Anmerkungen?

M4) Seite eines guten Schulbuches aus: „Jo-Jo Sachunterricht 3"

Berge in Landkarten

Dieses Foto zeigt einen Teil des Deisters in Niedersachsen, zu dem mehrere Berggipfel gehören. Der Ebersberg ist einer von mehreren Gipfeln des Deisters. Im Bild sind die Form des Ebersberges, der Wald, die steilen Hänge und das tiefer liegende Land deutlich zu erkennen.

Auf diesem Bild sieht man ein Modell des Berges. Die unterschiedlichen Höhen werden durch Meterangaben und verschiedene Schichtfarben dargestellt. Die Linien zwischen den Farben werden Höhenlinien genannt. Sie verbinden Punkte, die gleich hoch über dem Meeresspiegel liegen.

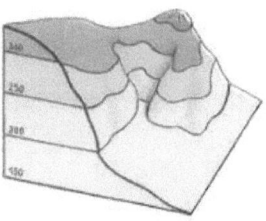

Die Abbildung zeigt einen Querschnitt durch den Berg, so als hätte man ihn mit einem Messer in der Mitte durchgeschnitten. Auch hier zeigen die Schichtfarben und Höhenlinien die unterschiedlichen Höhen an.

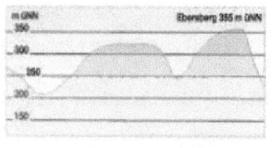

Hier wird der Berg senkrecht von oben gezeigt. Die Höhenunterschiede werden nur noch durch die Farben und die Höhenlinen deutlich. Der Berggipfel wird mit einem Dreieck und die Höhe in Metern angegeben.

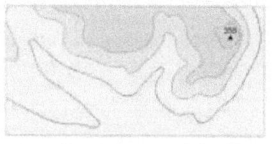

Die Höhe der Berge bezieht sich immer auf den Meeresspiegel. So nennt man die Wasserfläche des Meeres. Der Nullpunkt (NN) des Meeresspiegels liegt in den Niederlanden im Hafen von Amsterdam.

1 Bringt verschiedene Karten eurer Umgebung mit. Sucht Berge in eurer Nähe.

(Quelle: BECKHAUSEN et al. 2007:12)

M5) Seite eines verbesserungswürdigen Schulbuches aus:

„Das neue Sach- und Machbuch 4"

 # Eine Erzählung aus dem Leben der Wölfe

Wenn man Hunde verstehen und richtig mit ihnen umgehen will, muss man viel über sie wissen: Was können und brauchen Hunde von Natur aus? Was ist für sie wichtig? Wie verständigen sie sich untereinander? Was bedeuten die Menschen für einen Hund? Was kann ein Hund lernen?
Nach vielen Untersuchungen und Forschungen weiß man heute, dass alle unsere Hunderassen vom Wolf abstammen. Wenn man etwas über das ursprüngliche Verhalten der Hunde wissen will, muss man untersuchen, wie Wölfe leben.

Die nachfolgenden Auszüge sind dem Buch „Julie von den Wölfen" von Jean Craighead George entnommen. Julie ist die vierzehnjährige Tochter des Eskimojägers Kapugen in Alaska. Mit ihrem Eskimonamen heißt sie Miyax. Miyax hat ihre Kindheit im Zeltlager der Seehundjäger am Eismeer verbracht und von ihrem Vater viel über das Leben der Natur gelernt. Als ihr Vater eines Tages nicht mehr von der Seehundjagd zurückkehrt, läuft Miyax davon. Mit Rucksack und Zelt, Kochtopf, Messer und Zündhölzern versehen macht sie sich auf den Weg um eine Brieffreundin in einer fernen Stadt aufzusuchen. Sobald sie von der Küste weg ins Landesinnere kommt, verirrt sie sich, weil es in der Tundra keine Bäume und Berge gibt, an denen sie sich orientieren kann. Eines Tages trifft sie auf ein Wolfsrudel. Sie schlägt ihr Zelt in der Nähe der Wölfe auf, weil sie hofft mit Hilfe der Wölfe Nahrung zu finden.

Am besten lest ihr den folgenden Text abschnittweise vor und sprecht darüber.

● Miyax beobachtete die Wölfe nun schon seit zwei Tagen. Sie wollte herausfinden, mit welchen Lauten und Gesten die Wölfe Wohlwollen und Freundschaft ausdrückten. Die meisten Tiere haben solche Verständigungszeichen. Polar-Backenhörnchen bewegen die Schwänzchen seitwärts um einander kundzutun, sie seien freundlich gesinnt.
Dieses Schwänzchengewackel mit ihrem Zeigefinger nachahmend hatte Miyax schon manches Backenhörnchen angelockt. Wenn sie nun eine Wolfsgeste herausfinden konnte, war sie vielleicht in Stande sich mit den Wölfen anzufreunden und an ihren Mahlzeiten teilzunehmen, wie ein Vogel oder ein Fuchs es zuweilen taten.

● Auf die Ellbogen gestützt, das Kinn zwischen den Fäusten starrte Miyax den schwarzen Wolf an, bemüht, seinen Blick auf sich zu zwingen. Sie hatte ihn ausgewählt, weil er bedeutend größer war als die anderen.
Der schwarze Wolf galt wohl auch als klug und erfahren, sie hatte beobachtet, dass das Rudel auf ihn blickte, wenn der Wind fremde Gerüche brachte oder wenn die Vögel plötzlich ängstlich zu rufen begannen. Zeigte der große Wolf sich beunruhigt, war das Rudel es auch. War er ruhig, verhielten auch sie sich ruhig. Im Gras regte sich ein Vogel. Der Wolf sah hin. Eine Blume bog sich im Wind. Er blickte kurz hinüber. Dann wellte eine Brise den Flaum des Pelzes an Miyax' Anorak, er glänzte auf, aber der Wolf sah nicht hin. Miyax wartete. Dass man mit der Natur Geduld haben musste, hatte schon der Vater ihr eingeprägt, und so hatte sie sich auch jetzt nicht einfallen lassen sich rasch zu bewegen oder den Wolf laut anzusprechen. Trotzdem musste sie bald etwas zu essen bekommen oder verhungern.
Ihre Hände zitterten, sie würgte die Angst hinunter und versuchte ruhig zu bleiben.

● „Amaroq, ilava, Wolf mein Freund", rief sie endlich. „Schau mich an! Schau mich doch bitte an!"
Amaroq betrachtete seine Klaue und wandte dann langsam, ohne die Augen zu heben, den Kopf nach Miyax. Er beleckte seine Schulter. Ein paar verfilzte Haare stellen sich einzeln hoch und glitzerten feucht. Dann wanderten die Wolfsaugen zu dem Rudel hinüber, glitten über jeden Einzelnen der drei erwachsenen Wölfe und schließlich zu den fünf Welpen, die, zu einem einzigen flaumigen Klumpen geballt, nahe dem Höhleneingang schliefen. Die Wolfsohren richteten sich hoch, höhlten sich nach vorn, stellten sich wie Horchgeräte ein auf ferne Botschaft aus der Tundra. Miyax' Körper straffte sich, auch sie lauschte. Erhorchte der Wolf einen in der Ferne aufkommenden Sturm, einen sich nähernden Feind? Offensichtlich nicht. Seine Ohren erschlafften.
Nach einer Weile hob sie die Lider und ihr Herz in ihrer Brust begann wie ein erschrockener Vogel zu flattern. Amaroq blickte sie an!
„Ee-lie", rief sie und krabbelte auf die Füße. Der Wolf spannte die Nackenmuskeln und seine Augen wurden zu schmalen Schlitzen. Er richtete die Ohren nach vorn.

36

(Quelle: BECK et al. 1999:36)

M6) Auflistung der zu vergleichenden Schulbücher

Gruppe 1:   Fundamente – Kursthemen. Dritte Welt. Entwicklungsräume in den Tropen,
            Terra. Deutschland. Geographische und städtische Strukturen.

Gruppe 2:   Sachunterricht in der Grundschule. Fragen und versuchen 4,
            Schlag nach im Sachunterricht 3 /4 Niedersachsen

Gruppe 3:   Mobile 2. Sachunterricht Nord,

Das Auer Heimat- und Sachbuch 2

Gruppe 4:   Den Sachen auf der Spur – Heimat- und Sachunterricht Sachsen-Anhalt 3,

Jo-Jo Sachunterricht 3